瑾蔚 编著

动物神秘事件簿

史前动物

北方妇女儿童出版社
·长春·

版权所有　侵权必究

图书在版编目（CIP）数据

史前动物 / 瑾蔚编著. -- 长春：北方妇女儿童出版社，2023.8（2024.8 重印）
（动物神秘事件簿）
ISBN 978-7-5585-7391-0

Ⅰ．①史… Ⅱ．①瑾… Ⅲ．①古动物学—儿童读物 Ⅳ．①Q915-49

中国国家版本馆 CIP 数据核字（2023）第 036237 号

动物神秘事件簿——史前动物
DONGWU SHENMI SHIJIAN BU——SHIQIAN DONGWU

出 版 人	师晓晖
策 划 人	陶　然
责任编辑	曲长军　庞婧媛
开　　本	889mm×1194mm　1/16
印　　张	4
字　　数	80 千字
版　　次	2023 年 8 月第 1 版
印　　次	2024 年 8 月第 2 次印刷
印　　刷	长春人民印业有限公司
出　　版	北方妇女儿童出版社
发　　行	北方妇女儿童出版社
地　　址	长春市福祉大路 5788 号
电　　话	总编办 0431-81629600
	发行科 0431-81629633
定　　价	22.80 元

前言

　　在亿万年前,地球上生活着许许多多的史前动物,它们构成了一个生机勃勃的史前世界。在史前世界,地球是各类爬行动物的天下,比如在陆地上有令人感到恐惧的霸王龙,有脖子十几米长的马门溪龙,有长着大角的三角龙;在海里有巨大的滑齿龙,有长着巨大脑袋的克柔龙;在天空有翼展十多米宽的风神翼龙……除了这些,史前世界还生活着其他各种奇特的史前动物呢!想认识它们、了解它们的秘密吗?赶快翻开这本书吧!本书文字浅显易懂、图片精美生动,集知识性和趣味性于一体,能够产生强烈吸引力,让我们在轻松愉悦的氛围中了解各种各样的史前动物。

目录

 02 霸王龙

 16 异特龙

 04 板龙

 18 蛮龙

 06 梁龙

 20 美颌龙

 08 迷惑龙

 22 始祖鸟

 10 马门溪龙

 24 似鳄龙

 12 腕龙

 26 棘龙

 14 剑龙

 28 恐爪龙

 30 三角龙

 32 肿头龙

 34 食肉牛龙

 36 伶盗龙

 38 中龙

 40 杯鼻龙

 42 水龙兽

 44 帝鳄

 46 真鼻龙

 48 滑齿龙

 50 克柔龙

 52 薄板龙

 54 海王龙

 56 风神翼龙

史前动物

在千万年前,虽然人类还没有出现,但地球上早已一片生机,生活着众多史前动物。它们长相不同,生活环境各异,各有各的特点。

各种各样的史前动物

史前动物实在太多了,它们有的体形巨大,比如迷惑龙、滑齿龙;有的极其凶猛,比如霸王龙、棘龙;有的长着长脖子,比如马门溪龙、薄板龙;有的长得很小,比如美颌龙、伶盗龙;有的生活在水里,比如真鼻龙;有的在天空翱翔,比如风神翼龙……

动物小档案

名称：霸王龙

生存年代：白垩纪晚期

分布区域：北美洲

体长：约 14 米

体重：约 10000 千克

食性：肉食

霸王龙

说到史前动物，我想没有谁敢和我争夺"霸王"的名号吧！没错，我就是霸王龙，无可争议的史前王者。

让我称霸的"装备"

我的名号可是凭真本事夺来的。不说别的，就我的这张血盆大口谁见了能不害怕？要知道，我嘴里面可都是 20 厘米长的利齿，一口下去，再大的猎物也会被咬死。

当然了，只凭这还不足以称王称霸，我还有别的"装备"。往我的后肢看，那可是少有的大长腿，让我跑起来特别快。还有，我的嗅觉、视觉特别好，老远就能发现猎物。

作为一代霸主，捕猎对我来说自然是很容易的。不过，我更喜欢四处转悠，寻找动物的尸体吃。当然了，要是别的恐龙恰好有猎物，我不介意抢过来，占为己有。

霸王龙说：
我对身体其他部分都很满意，只对前肢有些不满。它实在太短了，触不着地，也伸不到嘴边，甚至相互碰不着。

板龙

动物小档案

名称：板龙
生存年代：三叠纪晚期
分布区域：欧洲
体长：约 6~8 米
体重：约 5000 千克
食性：植食

霸王龙长得确实够大，但我一点儿都不羡慕，因为我出生得比较早，在那个年代算是大块头了，没有谁能威胁到我的安全。

我在当时也是巨无霸

说实在的，我的个头儿比起那些后辈来是小了点儿，但那个时候，陆地上没有什么大动物，我在其中就是巨无霸的存在。所以，没谁能欺负我。

我和同伴生活在一起

我能生活得特别好，有一部分功劳要算到同伴身上。我从来不单独外出，不管吃东西，还是喝水，都和同伴们在一起。这么大的队伍，谁敢自找没趣儿呢？

穿越沙漠有危险

能对我造成威胁的只有大自然了。旱季的时候,食物特别少,我和同伴必须要穿过沙漠,到遥远的海边找吃的。这时,我要特别小心,不然很可能会渴死。

霸王龙说:

板龙?我知道,但没见过,因为我们没有机会生活在同一个年代。不过我听说,从它以后,那些吃植物的恐龙个头儿越来越大了。

动物小档案

名称：梁龙
生存年代：侏罗纪晚期
分布区域：北美洲
体长：25~35 米
体重：约 10000 千克
食性：植食

梁龙

提到大块头儿、长脖子、长尾巴，你会想到谁呢？没错，这样的恐龙其实很多，但只有我的尾巴比脖子长一些。

就像板龙说的那样，作为后辈，我比它大多了，就像一节火车车厢。不过，我都不是很重，因为我的很多骨头都是中空的，不然走起路来就太吃力了。

很多朋友一眼就发现，我的脖子特别长。没错，7 米多长的脖子在哪儿也不多见。不过，我的脖子不能抬得太高，只能平举着，将低处的树叶一扫而空。

我的尾巴比脖子还长，能达到 14 米，而且用处特别大。

用处一：让身体保持平衡；
用处二：鞭打来犯的敌人；
用处三：支撑身体，以便抬起前肢。

霸王龙说：
像梁龙那样的大家伙，我是没有办法对付的。不过，我还是有能力抓捕小梁龙的，只可惜我根本见不着它。

迷惑龙

动物小档案

名称：迷惑龙
生存年代：侏罗纪晚期
分布区域：北美洲
体长：21~26 米
体重：24000~32000 千克
食性：植食

我没有梁龙那么高，脖子、尾巴也没有它的长，但我的身体强壮得多，尾巴也更有力量，谁也不敢轻易欺负我。

别看我的个头儿比不上梁龙，但体重可比它重多了，走起路来震得地面嗵嗵响。不相信？你来看看我的四肢和大肚子。当然了，要长这么壮，我必须得不停地吃东西才行。

对付敌人我有招儿

我长得这么壮实，敌人欺负我可不容易，况且我还有一条大尾巴。我的尾巴不算特别长，只有9米多，但力量十足，甩动起来声响特别大，抽在身上谁也受不了。

如果敌人还不后退,我只能"动手"了。我前肢上的大指爪可不是闹着玩儿的,一旦亮出来,在敌人身上狠狠地抓一下,敌人立刻就会血流不止。

霸王龙说:
　　迷惑龙,我也没见过。但我知道,它和梁龙是亲戚,也有长脖子,而且脖子同样不灵活,不能抬得太高。

马门溪龙

动物小档案

名称：马门溪龙
生存年代：侏罗纪晚期
分布区域：亚洲
体长：约 30 米
体重：约 50000 千克
食性：植食

梁龙、迷惑龙都说自己脖子长，那要看和谁比了。在我面前，它们也只能算是短脖子，因为我的脖子是最长的。

我的脖子超级长

要论体形，我和迷惑龙其实差不了多少，只不过我的脖子实在太长了，竟然能长到 15 米长，差不多占了整个身体的一半。试想，这样的长脖子谁能比？

长脖子虽然让我出了名，但它确实不太方便。转动特别慢就不说了，它还让我的身体向前倾，走起路来不太稳。幸好，我有一条长尾巴，能平衡脖子的重量。

别看我的脖子这么长,颈椎骨有19节之多,我仍能将脖子缓缓地抬起,尤其抬到45°时最舒服。在这一点上,我比迷惑龙、梁龙它们强多了。

霸王龙说:

我曾经很疑惑,马门溪龙那么大,脖子那么长,小脑袋忙得过来吗?后来我才知道,它脊椎骨上有个神经球,可帮忙指挥身体呢!

腕龙

动物小档案

名称：腕龙
生存年代：侏罗纪晚期
分布区域：北美洲
体长：约 25 米
体重：约 30000 千克
食性：植食

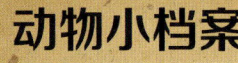

马门溪龙的脖子确实很长，但抬不高，也就吃不着树顶美味的嫩叶。我就不同了，脖子可以抬得高高的，吃到最鲜嫩的树叶。

我的个子特别高

说实在的，我的脖子只有 8 米多长，和马门溪龙的比起来差了一大截。不过，我的前肢比后肢长多了，从脚掌到肩膀足足有 6 米高，这让我看起来就像一架滑梯。

不算脖子，我就已经够高了，要是加上脖子那更了不得。你可能不知道，我的长脖子能抬到 13 米高呢，和 4 层小楼差不多，而且还不费力，吃高处的树叶特别方便。

长脖子的好处

我胆子特别小，一看见敌人就害怕，只好往深水里躲。这时，高个子就显示出了优势。我站在水里，脑袋露出水面，长在头顶的鼻子就可以自由呼吸了。

霸王龙说：

　　腕龙实在太高了，它总仰着脖子难道不累吗？哦，原来它长长的前肢帮了脖子的忙，分担了很大一部分重量。

剑龙

动物小档案
- **名称**：剑龙
- **生存年代**：侏罗纪晚期
- **分布区域**：北美洲
- **体长**：约 25 米
- **体重**：约 30000 千克
- **食性**：植食

论体形，我比不过马门溪龙；论高度，我不如腕龙。不过，要是比长相、对付敌人的手段，那我比它们俩都要强。

我的背上插满了"尖刀"

有些朋友不认识我，没关系。你如果远远地看到一座插满"尖刀"的小山向你走来，那就是我了。其实，那些并不是真的"尖刀"，而是我背上的骨板。

这些骨板有什么用处？

用处一：恐吓敌人。骨板插在背上，让我看起来大了许多，很有威慑力，使敌人不敢进攻。

用处二：调节体温。我要是觉得太热了，就爬到阴凉处，让血液流到骨板里。这样，多余的热量就会散掉。

尾巴上的尖刺最厉害

骨板只能吓唬敌人，真正要对付敌人还要靠我尾巴上的4根尖刺。这些尖刺可不一般，又长又尖，敌人一旦被它们扫上那可就遭了殃，就算不死，也会受重伤。

霸王龙说：

剑龙厉害是厉害，就是不太聪明。我知道它的头特别小，大脑只有核桃大，所以智商不怎么高。

异 特 龙

动物小档案

- **名称**：异特龙
- **生存年代**：侏罗纪晚期
- **分布区域**：北美洲、欧洲、非洲等
- **体长**：约10米
- **体重**：约3500千克
- **食性**：肉食

剑龙对付敌人的本领确实厉害，但也要看面对的是谁。在我面前，它的防御力就没有那么强，因为我可是极其厉害的杀手。

我是个有实力的杀手

我说这话是有依仗的。就我的体形来说，虽然比不上那些超级大家伙，但也算得上大块头了。再加上大脑袋、大嘴巴和强壮的脖子，我一口咬下去，哪个猎物也受不了。

还有，我嘴里的七十多颗大牙齿也不一般，它们就像带锯齿的利刃，猎物一旦被咬住，基本没有机会逃脱。

猎物也不傻，它们见到我会立刻逃走。不过你也看到了，我这两条后腿可是又粗又长，一小时跑个40多千米很轻松，所以猎物别想轻易甩掉我。

霸王龙说：

异特龙还真是凶残，对待猎物毫不留情。但我也听说，它对幼崽很温柔，常带猎物回巢穴喂养它们。

蛮龙

动物小档案

名称: 蛮龙
生存年代: 侏罗纪晚期
分布区域: 欧洲、北美洲、非洲等
体长: 9~14米
体重: 约12000千克
食性: 肉食

异特龙将自己说得那么厉害,我是不太相信的。至少在我眼里,它是比不上我的。要知道,我才是横行陆地的蛮横王者。

不是自夸,我比大多数吃肉的恐龙强多了。就拿体形来说,我就没见过像我这样的。还有,我这壮实的身体、强壮的四肢、粗长的尾巴,也没几个能比得上。

这些武器很厉害

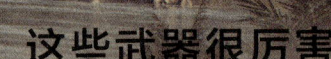

当然了,要说真正的武器还要看我这张大嘴。你看,这满嘴尖刀状的牙齿虽并不少见,可是又有谁的咬合力能达到惊人的150000牛呢?有了它,再粗的骨头,我都能咬碎。

不过，比起大爪子，我的大嘴又不算什么了。我的大爪子可厉害了，它有40多厘米长，又大又锋利，只要一挥，就能在猎物身上留下致命伤口。

霸王龙说：

蛮龙虽然实力强大，可弱点也很明显。我发现，它身体不够灵活，尤其是转弯的时候，速度稍一快就有可能摔倒。

美颌龙

动物小档案
名称：美颌龙
生存年代：侏罗纪晚期
分布区域：欧洲
体长：约1米
体重：约3千克
食性：肉食

我虽然没有蛮龙那么高大，也没有它身强力壮，可要论凶猛程度，一点儿也不差。只不过，我对付的都是一些小动物罢了。

我长这个样子：
躯干小巧，和母鸡差不多大；
脖子修长，十分灵活；
小脑袋上有一对大眼睛；
后肢很长，非常强健；
尾巴细长，超过体长的一半。

对付小动物有办法

我的个子是小了点儿，但对付蜥蜴、昆虫足够了。它们总是躲在密林下，希望不要被我发现。可实际上，只要目光一扫，我就能知道它们藏在哪儿。

有些小动物爬到树上躲避追击,可这是徒劳的。看我的爪子,它们能够弯曲,抓紧树干再合适不过了,所以我能跟着爬到树上去。

霸王龙说:
我听说,美颌龙追赶小动物时,能将小动物的动作看得一清二楚,还能预测它们的行动,准确率特别高。

动物小档案

名称：始祖鸟
生存年代：侏罗纪晚期
分布区域：欧洲
体长：约 0.5~1.2 米
体重：不详
食性：肉食

始祖鸟

看到我的名字，你会认为我是鸟类的祖先吗？其实，我虽然叫始祖鸟，但并不是鸟，而是一只真正的恐龙。

长得有点儿像鸟

说实在的，我有些地方是有点儿像鸟。就说体形吧，我长得特别小，和火鸡差不多，没有一点儿恐龙的霸气。还有，我身上长着绒毛，四肢和尾巴上长有羽毛。

展开翅膀滑翔

有了羽毛，我就能飞起来了吗？不！这些羽毛太简陋了，我根本没办法拍打翅膀飞起来。不过，我尝试过从高处跳下来，竟可以滑翔一段距离，这也是了不起的！

我可不会爬树

我说的"高处"，可不是树上哦，因为我不会爬树。你看我的爪子，根本没办法抓住树枝，就更别提爬树了。看来，我要向美颌龙请教一下了。

霸王龙说：

始祖鸟？我知道它能飞起来，但没亲眼见过。我听说它的羽毛除了灰黑色，还有一些浅淡的色彩呢！

似鳄龙

动物小档案

名称:似鳄龙
生存年代:白垩纪早期
分布区域:非洲
体长:11~12 米
体重:2600~5200 千克
食性:肉食

你可能想象不到,像我这样的大块头竟然以捕鱼为生。但这也没有办法,谁叫我天生就是一名"渔夫"呢!

我长得很魁梧

我不是看不上"渔夫"这份工作,只是长得太魁梧,和"职业"有些不相配。像我这样,既高大威猛,又有大嘴巴、大长腿、大爪子的恐龙,哪个不捕食陆上的大猎物呢?

我有一把大鱼钩

除了"鳄鱼嘴",我还有一把鱼钩——大指爪。它可有30厘米长呢,锋利无比,在水里一划,1米多长的大鱼就被勾起来啦!

我的"鳄鱼嘴"适合捕鱼

其实,我很热爱捕鱼,也很适合捕鱼。你看,我这张又长又扁的"鳄鱼嘴"可不一般,它里面有约 100 颗尖牙,咬住滑溜溜的鱼特别方便。

霸王龙说：

我很不理解，似鳄龙看起来实力特别强大，怎么就只能捕鱼呢？哦，原来，它的头骨太脆弱了，没办法咬住大猎物。

棘龙

动物小档案

名称：棘龙
生存年代：白垩纪中期
分布区域：非洲
体长：15~20 米
体重：4000 千克以上
食性：肉食

虽然是亲戚关系,可我仍旧认为似鳄龙不怎么厉害,至少比不上我。说这话,我是有底气的,你只要看看我的体形就清楚了。

还是先说说我的长相吧

要说长相,我和似鳄龙还是挺像的,尤其是嘴巴、四肢简直一模一样。只不过,我的背上有一面"大帆",让我本来就大一号的身体看起来更加庞大了。

我吃东西比较讲究

在吃的方面,我比似鳄龙要讲究很多。虽然我也能捕鱼,也很爱吃鱼,可时间久了也需要换换口味。这时,我就会四处奔走,捕食美味的陆地动物来尝尝鲜。

"大帆"不只是用来看的,它的用处可多了。

调节体温:"大帆"上满是血管,天热时可以散热,天冷时可以吸收太阳光的热量。

储存能量:"大帆"底部有很多隆肉,里面满是脂肪,可存储很多能量。

吸引异性:繁殖季节,"大帆"可以改变颜色,用鲜艳的色彩吸引异性。

霸王龙说:

一些电影里,有我和棘龙大战的场景。其实,这是不可能的,因为它生活的年代比我早多了,而且它住在非洲,我生活在北美洲。

恐爪龙

动物小档案

名称：恐爪龙
生存年代：白垩纪中期
分布区域：北美洲
体长：约3米
体重：约70千克
食性：肉食

我觉得，棘龙也没什么大本事，只能依仗个头儿大欺负一些小动物。哪像我，即使长得小，也能让许多大恐龙瑟瑟发抖。

我的大趾爪特别厉害

一般的恐龙要是只有两三米长，一定会被无视的。但对我，谁也不敢小觑。我可是这里的"小霸王"，只要亮一亮恐怖的大趾爪，那些植食性恐龙就会紧张起来。

说起大趾爪，我特别自豪，它可有12厘米长，是我最厉害的武器了！有了它，一见到猎物，我就勇敢地扑上去，在猎物身上戳个大窟窿。

我是怎么对付大猎物的？

当然，我也不傻，知道自己长得小，对付大猎物有些吃力。所以，我常招呼同伴一起出击。用不了多长时间，猎物就会在我们的大趾爪下一命呜呼了。

霸王龙说：
恐爪龙有多厉害，我并不关心。我只是很惊讶，它在快速转弯时竟然不会摔倒，这可是连我都不太能做到的。

三角龙

动物小档案

名称：三角龙
生存年代：白垩纪晚期
分布区域：北美洲
体长：约 10 米
体重：约 12000 千克
食性：植食

恐爪龙很厉害？也许吧！但在我面前，别说是它了，就算是霸王龙也不敢逞威风。没错，我就是强大无比的三角龙。

我的三根大角很威风

在我生活的地方，还没发现哪个植食性恐龙长得比我更大、更壮。你看我这根大鼻角，还有这两根 1 米多长的大额角，威风吧！

这三根角可不是只能吓唬敌人，它们都是实心的骨头，硬着呢！就是皮糙肉厚的霸王龙，也能一下扎个透心凉。所以，谁敢欺负我？

我的大头盾有什么用？

忘记说我的大头盾了，它倒是能恐吓敌人。不过，我平时只将它当作大蒲扇来调节身体温度。还有，在求偶时，它也有大用处，可以吸引异性。

霸王龙说：

三角龙实在太强壮了，我很少有机会能捉到它。不过，那些小三角龙很好对付，它们要是落了单，我一定不会放过。

肿头龙

动物小档案

名称：肿头龙
生存年代：白垩纪晚期
分布区域：北美洲
体长：约 4.5 米
体重：约 450 千克
食性：植食

和三角龙比起来，我的实力确实差那么一点点。不过，我也不是任谁都能欺负的。看见我头上的"大鼓包"没？那可是我对付敌人的厉害武器。

厚厚的头骨

在恐龙家族里，没有谁的头骨比我的更厚了。要知道，我的头骨足足有 25 厘米厚呢，圆鼓鼓的，就像一个保龄球。

对敌武器

在我的周围生活着许多肉食性恐龙，不过它们却不敢轻易惹我。谁要是惹了我，我可不介意用"大头"狠狠撞过去。

嗅觉、视觉良好

当然了，有时候我也会遇到对付不了的敌人。幸好，我的嗅觉和视觉非常好，能早早发现敌人，然后快速逃跑，避免不必要的冲突。

霸王龙说：

我并不觉得肿头龙有多厉害，不然它们为什么总是成群生活在一起，为什么总是一起对付敌人？

食肉牛龙

动物小档案

名称：食肉牛龙
生存年代：白垩纪晚期
分布区域：南美洲
体长：约 7~8 米
体重：约 2300 千克
食性：肉食

三角龙是不是像它说的那样强，我不知道。也许我拿它没辙，但对付别的恐龙还是可以的，毕竟我也是有名的猎食者。

我的身体很强壮

我的名气是靠实力得来的。你就看外形，一般的肉食性恐龙哪有我这么高大、强壮的身体，就更别提像房梁一样的脊柱骨和背上像铆钉一样的"护具"了。

对付猎物有办法

我的身体够强悍了，可锋利的牙齿仍不够坚固，一下咬死猎物有点儿难，太用力还会折断。不过，我可以反复撕咬猎物的脖子，让它们因流血太多而死掉。

有时我也吃腐肉

当然,我也知道大个儿恐龙不容易对付,因此我很少找它们下手,更多地将目光放在小恐龙身上。还有,要是小恐龙填不饱肚子,我也不介意寻找腐肉来吃。

霸王龙说:

食肉牛龙眼睛上方的"牛角"厉害吗?我不觉得。我发现,它虽然很结实,可太短了,根本无法参与战斗,最多只能吓唬一下敌人。

伶盗龙

动物小档案

名称：伶盗龙
生存年代：白垩纪晚期
分布区域：亚洲
体长：约 1.5~2 米
体重：约 15 千克
食性：肉食

我觉得，很多恐龙实在太笨了，干吗要费那么大劲儿独自去捕猎呢？我就聪明得多，总是和同伴搭伴儿，一起围攻猎物。

我也是很强的

我虽然长得小，可实力还是很强的。就说我这 10 多厘米长的大趾爪，不多见吧！还有这满嘴的尖牙，从猎物身上咬下大块儿皮肉，不算难吧！

采用不同的阵型围猎

要是遇到大猎物，我们几个对付不了，就会召集更多同伴，采用不同的阵型一起围攻它。

在开阔地带：采用U型阵，从后面包抄猎物。

猎物四处冲撞：采用梅花阵，从各个方向轮番攻击。

猎物跑得不快：采用O型阵，包围猎物。

我和同伴一起捕猎

就我这本事，追捕猎物是不是不难？不过，我很少单独出动，多数是和三五个同伴一起在沙丘、林地边缘埋伏，等猎物自投罗网。

霸王龙说：

我真没想到，伶盗龙一小时竟然能跑60千米，真是太快了。就这速度，没有几个恐龙能甩掉它吧！

中龙

动物小档案

- **名称**：中龙
- **生存年代**：石炭纪至二叠纪
- **分布区域**：非洲、南美洲
- **体长**：约0.4~2米
- **体重**：不详
- **食性**：肉食

听了这么多恐龙介绍自己，我也按耐不住了。其实，我比大部分恐龙出生得早，算得上它们的老前辈，只不过常待在水里，不轻易上岸来。

我为水而生

你看我的长相，就知道我为什么不太喜欢到岸上来了。细长的身体、长长的尾巴、强壮的后肢，还有短短的前肢，没有一个适合陆地，完全是为水而生的。

再看我的脚掌，上面可是有蹼的，推动身体前进特别方便。还有我的尾巴，特别宽，跟鱼鳍似的。所以，我能在溪流和水潭中自在地游泳。

我真的去过南美洲

虽然是游泳高手,但我可没本事游过宽阔的海洋。所以,很多朋友不相信我曾经去过南美洲。其实,我真的去过,只不过那时的非洲和南美洲是连在一起的。

霸王龙说:
我听说,中龙的祖先从海洋来到陆地一段时间后,因为环境变化、躲避敌人等原因又回到了水中生活。

杯鼻龙

动物小档案
- 名称：杯鼻龙
- 生存年代：二叠纪中期
- 分布区域：北美洲
- 体长：约6米
- 体重：约2000千克
- 食性：植食

中龙其实一点儿也不自在，常被敌人追得四处乱爬。我就没这个烦恼，因为我够大，猎食者见了只能乖乖地躲开。

我还是先介绍一下自己吧

朋友们第一次见到我时，都说我长得怪。我不就是头小了一点儿，大鼻子像杯子，身体粗得像水桶，要四肢着地才能行走，看起来就像胖蜥蜴吗？

我用身体碾压敌人

对于敌人，我是不在乎的。和前期的恐龙比，我是小了点儿。但要和我周围的动物比，我的体形绝对算得上是空前了。所以，谁要想袭击我，我就用庞大的身体碾压它。

好吧！我承认身体有些走形，可这重要吗？我觉得吃好、睡好才重要呢！所以，我每天除了用大趾爪挖掘能睡觉的洞穴、抓植物的根茎叶来吃，别的都不在乎！

霸王龙说：
杯鼻龙的身体那么胖，怎么通过松软的沙土呢？哦，原来，它的脚掌很宽大，难怪不会陷到沙土里。

水龙兽

动物小档案

- 名称：水龙兽
- 生存年代：二叠纪晚期
- 分布区域：非洲、亚洲
- 体长：约1米
- 体重：约90千克
- 食性：植食

比起杯鼻龙，我的体形要小多了，但依旧过着和它类似的舒适生活。虽然这有上天帮忙，但我自己也很努力哦！

我的生活过得很不错

作为小个子动物，我一开始的日子并不好过。可后来不知为什么，好多动物都灭绝了，而我幸运地活了下来，过上了没有天敌的生活，开始在四处称王称霸。

其实，我也只在湖泊和沼泽地区活动，其他陆地或者水里基本上是不去的。这里可是我的天堂，到处都是美味的植物，还不用担心有谁会来打扰。

植物虽然美味，可要吃到嘴里却不容易，因为太硬了。不过，这也难不倒我。看到我的嘴没？它有点儿像鸟喙，结实着呢！还有这对长牙，也能咬断树枝呢！

霸王龙说：

水龙兽看起来本领不强，当初是怎么幸存下来的？我想，很有可能是它会挖洞，还会冬眠，才度过了那段环境恶劣的时期。

43

帝鳄

动物小档案

名称：帝鳄
生存年代：白垩纪早期
分布区域：非洲
体长：8~13 米
体重：约 8000 千克
食性：肉食

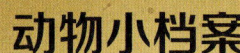

大家都说恐龙厉害，称霸陆地，我是认同的。不过，它们可别想欺负我，因为我发起威来，就是最厉害的肉食恐龙也要避让。

我可不是吹牛。你看看我这体形，是不是可以和大型肉食性恐龙媲美了？还有这 130 多颗大尖牙、像装甲一样的坚硬鳞甲，是不是很多大型肉食性恐龙都没法儿比？

所以说，要比谁更凶猛，我一点儿也不比肉食性恐龙差。不过，我很少与恐龙为敌，平时只对大鱼和龟类感兴趣，但小型恐龙要是自己送上门来，我也是不会客气的。

其实，不管是谁，只要进入我的伏击圈，我都不会客气。你也知道，我大部分时间都在水里潜伏。如果有猎物靠近我，我就会瞅准时机，一下子冲出去，把它拽进水里杀死。

霸王龙说：

我觉得帝鳄有自夸的嫌疑，说什么不怕厉害的肉食性恐龙。它要是遇到我就会知道，我一口就能将它的鳞甲咬穿。

真鼻龙

动物小档案

- 名称：真鼻龙
- 生存年代：侏罗纪早期
- 分布区域：欧洲
- 体长：约6米
- 体重：不详
- 食性：肉食

大海比陆地广阔多了，谁能在这里称霸，我才真正佩服呢。我就很佩服自己，因为我就是海洋中称霸一方的霸主。

我不敢说自己是游泳冠军，但确实没几个比我游得更快了。你看我的尾鳍，够宽大，力量够大吧？还有这4个鳍状肢，虽然短小，但控制方向、平衡身体特别有用。

那时候，海洋里的动物可不算多，也没什么大家伙，我们鱼龙算得上顶级大家族了。而我又是家族里的佼佼者，不仅长得大，游得快，还有尖锐的上颌呢！

想称霸，要有厉害的武器才行。我的上颌又长又尖，就像长矛一样，是我最厉害的武器。比如，遇到大鱼，我就快速游过去，用上颌将它刺穿。

霸王龙说：

真鼻龙的眼睛可真大，无论在夜里还是在深海中，都能将猎物的一举一动看得特别清楚。我要是有这样的一双大眼睛就好了。

动物小档案

名称：滑齿龙
生存年代：侏罗纪中期
分布区域：欧洲
体长：10~25米
体重：约100000千克
食性：肉食

滑齿龙

真鼻龙称霸海洋，只能说它幸运，没有遇到我。不然，我才不管是鱼龙、鱼类，还是别的动物，通通咬成碎片。

我有一张超级大嘴

我奉劝你，不要犯傻来试探我。要是惹怒了我，我就要用超级大嘴咬你了。我这满嘴30厘米长的尖牙，就算一下咬不死你，也会让你受重伤。

我是这样捕杀猎物的

不招惹我，我就会心慈手软吗？不会，我会主动寻找猎物。我有非常灵敏的嗅觉，可以闻到海水里微弱的气味，从而找到猎物的踪迹。

不过,我游得不太快,所以一般不追击猎物,而是借着伪装慢慢靠近猎物,或者采用偷袭战术。那些猎物一不注意,行动放缓,就会被我轻松捉住。

霸王龙说:

虽然不想承认,但滑齿龙可能真的比我还厉害。不过,它太重了,没法儿到陆地上来,只能称霸海洋。

克柔龙

动物小档案

名称：克柔龙
生存年代：白垩纪早期
分布区域：北美洲、南美洲
体长：约 9~12 米
体重：约 12000 千克
食性：肉食

滑齿龙有多强？我不知道。因为那时我还没出生呢，没办法和它较量。不过现在，我才是真正的海洋霸主，别的动物都怕我。

动物们都怕我

在海洋里，我绝对算得上大块头了，仅脑袋就有 3 米多长。这么大的身体，再加上巨大的嘴巴，谁见了能不怕呢！所以，动物们都说我是"凶神恶煞"。

动物们见了我，都躲得远远的，生怕我一口将它们吃掉。要知道，我的嘴巴可是和大脑袋差不多一样长呢，里面还布满了 7 厘米长的圆锥状牙齿，特别恐怖。

我长得大，行动就慢吗？不，我游泳快着呢！我还不挑食，鱼类、软体动物、爬行动物，谁要是被我盯上了，根本逃不掉。

霸王龙说：

还真奇怪，克柔龙的鼻子竟然长在头顶上。不过，我也想明白了。它长成这样子，呼吸的时候，头就不用露出水面了。

薄板龙

动物小档案

名称：薄板龙
生存年代：白垩纪晚期
分布区域：亚洲、北美洲
体长：约 15 米
体重：不详
食性：肉食

虽然是亲戚，但克柔龙长得和我一点儿也不一样。它的脖子实在太短了，而我的脖子特别细长，跟长蛇一样。

我的脖子特别长

我的脖子长不长，比一比就知道了。就我这体长，在海洋里绝对是前几名。而我的脖子就超过了体长的一半，有 8 米多长，亲戚中没有一个比得上的。

长脖子的好处和困扰

这么长的脖子，增加了攻击范围，让我捕食的时候特别方便。我可以离得老远，悄悄地把头伸进鱼群中，然后张开大嘴，肆意捕杀受惊的游鱼。

不过,长脖子也给我带来很多困扰。它太僵硬了,只能很小幅度弯曲,转动又很缓慢。这样,一旦遇到敌人袭击,我很难掉头逃跑。

霸王龙说:

我曾在海岸远远望见过薄板龙。当时,它想到岸上来,可到了浅水处就有些喘不过气,最终只好把幼崽直接产在海里。

海王龙

动物小档案

名称： 海王龙
生存年代： 白垩纪晚期
分布区域： 北美洲
体长： 10~15米
体重： 约10000千克
食性： 肉食

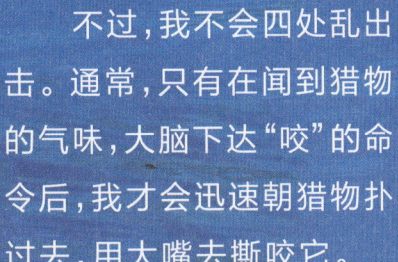

薄板龙说它在海洋里没有敌手，我是同意的。不过，相对于薄板龙，动物们更忌惮我，因为我会对它们猛追不舍。

弱小的动物我都吃

说我凶恶也好，说我残忍也罢，我都不在乎，只要填饱肚子就好。所以，只要比我弱小的，我就会追着不放，直到将它整个吞进肚子里。

不过，我不会四处乱出击。通常，只有在闻到猎物的气味，大脑下达"咬"的命令后，我才会迅速朝猎物扑过去，用大嘴去撕咬它。

只有同类算是威胁

我这么厉害,几乎没有谁敢对付我。要说能威胁我的,也只能是同类了。它们想夺走我的地盘,不断攻击我。不过,我这么强壮,每次都能将它们赶走,甚至杀死。

霸王龙说:

别看海王龙现在特别强,我听说它小时候非常弱小,可以说毫无战斗力,经常被鲨鱼等大家伙追赶、欺负。

55

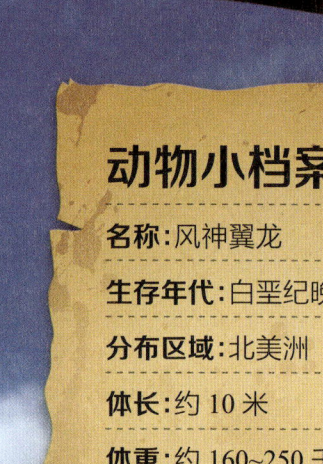

动物小档案

名称：风神翼龙
生存年代：白垩纪晚期
分布区域：北美洲
体长：约10米
体重：约160~250千克
食性：肉食

风神翼龙

霸王龙、海王龙确实够强大，可它们一个只能在陆地上称王，一个只能在海里称霸。我就自在多了，广阔的天空任我翱翔。

天空的主宰

那时候，长翅膀的动物实在不多，会飞的更是少之又少，我们翼龙家族算是天空的主宰了。而我又是家族中少有的优秀者，不仅长得大，飞行本领还特别高。

你可能想象不到，我张开双翅，竟然能有12米宽。有了这对大翅膀，我就能轻松地飞上高空，像信天翁那样，利用上升气流一下子飞行上百千米。

飞久了，我的肚子也会咕咕叫。这时，我会睁大眼睛，四处搜索小霸王龙。一旦发现目标，我就从天而降，将小霸王龙抓走，找一个安全的地方将它吃掉。

霸王龙说：

我没办法抓到在空中飞翔的风神翼龙，但它们落到地面后，动作特别笨拙，移动非常缓慢，只能任我宰割。